Die Metropolregion Moskau. Die wirtschaftliche Entwicklung und ihre nationale Bedeutung für Russland

Lena Santos

Bibliografische Information der Deutschen Nationalbibliothek:

Die Deutsche Nationalbibliothek verzeichnet diese Publikation in der Deutschen Nationalbibliografie; detaillierte bibliografische Daten sind im Internet über http://dnb.d-nb.de abrufbar.

ISBN: 9783346499523
Dieses Buch ist auch als E-Book erhältlich.

© GRIN Publishing GmbH
Nymphenburger Straße 86
80636 München

Druck und Bindung: Books on Demand GmbH, Norderstedt Germany
Gedruckt auf säurefreiem Papier aus verantwortungsvollen Quellen

Das Buch bei GRIN: https://www.grin.com/document/1132179

Die Metropolregion Moskau – die wirtschaftliche Entwicklung und ihre nationale Bedeutung für Russland

Inhaltsverzeichnis

I. Abbildungsverzeichnis 3

1. Einleitung 4

2. Metropolen 6

   2.1 Charakteristika von Metropolregionen...6

   2.2 Metropolfunktionen 8

3. Zahlen, Daten und Fakten zu Moskau 10

   3.1 geographische Einordnung Moskaus in Russland 10

   3.2 Prüfung der Metropolfunktionen von Moskau...14

4. Wirtschaftliche Entwicklung Moskaus 17

5. nationale Bedeutung Moskaus für Russland 21

   5.1 positive Aspekte der ökonomischen Bedeutung Moskaus 21

   5.2 negative Aspekte der ökonomischen Bedeutung Moskaus 23

6. Fazit 25

Literaturverzeichnis 26

I. Abbildungsverzeichnis

Abbildung 1: Aufbau Moskaus (Quelle:
https://www.klett.de/sixcms/media.php/427/moskau_klett.jpg) 10

Abbildung 2: Bevölkerungsdichte in Russland (Quelle: https://de.maps-
russia.com/bev%C3%B6lkerung-dichte-karte-von-russland#&gid=1&pid=1) 11

Abbildung 3: Luftbild von Russland (Quelle: http://www.zdf.de/dokumentation/terra-x/russland-
von-oben-teil-eins-100.html) 11

Abbildung 4: Moskaus Sieben Schwestern (Quelle:
https://www.smarttravelers.de/sehenswuerdigkeiten/russland/moskau/sieben-schwestern-stalins/) 15

Abbildung 5: Basilius-Kathedrale (Quelle: https://franks-travelbox.com/asien/russland/basilius-
kathedrale-in-moskau-russland/) 16

Abbildung 6: Zentrum von Russland (Quelle: https://www.zdf.de/dokumentation/terra-
x/russland-von-oben-teil-eins-100.html)...17

1. Einleitung

Die Hauptstadt des größten Landes der Welt gilt als Stadt der Superlative. Die zahlreichen Wolkenkratze und der viele Luxus verleihen der Stadt ein eindrucksvolles Ansehen. Moskau hat in den vergangenen Jahren eine beachtliche Entwicklung durchlebt und trägt daher den Titel einer (Welt-)Metropole.

Metropolen sind auf internationaler Ebene mehr als nur eine Groß- oder Hauptstadt und sie weisen ähnliche interne Strukturen auf, die sie als solche identifizieren lassen. Sie sind weltweit bekannt und gelten als Symbol der jeweiligen Regionen. Neben einer hohen Einwohnerzahl und bekannten Wahrzeichen, sind auch die politischen und vergangenen Handlungen der Metropole entscheidend.

In der Vergangenheit hat das Land viele Krisen durchlebt und musste sich danach wieder neu aufbauen und anordnen. Moskau als Hauptstadt hat die Krisen schnell überwunden und ist von Jahr zu Jahr in jeglicher Hinsicht gewachsen. Neben dem enormen wirtschaftlichen Wachstum sind auch die Anzahl der Einwohner und die der neuen Gebäude in den letzten Jahren stark angestiegen. Insbesondere wird bei genauerem Hinsehen die Einzigartigkeit der Stadt in Bezug auf die ökonomische Stärke sowie die Innovativität deutlich, die sie von den anderen russischen Städten unterscheidet. Diese Sonderstellung führt außerdem dazu, dass vielen Menschen zuerst Moskau in den Sinn kommt, wenn sie an Russland denken.

Trotzdem hat auch Moskau mit größeren Problemen, wie einem hohen Verkehrsaufkommen und der damit verbundenen Umweltverschmutzung zu kämpfen, welche für die meisten Touristen nicht ersichtlich werden, weil sich die Stadt für Außenstehende gezielt präsentiert und die Probleme landesintern versucht zu bewältigen. Darüber hinaus gerät Russland in den letzten Jahren häufiger in die Kritik der Medien, aufgrund der Herrschaft Putins, was das Vertrauen in eine Metropole ebenfalls beeinflussen kann.

Eine genauere Untersuchung der weltweit größten Handlungszentren ist dahingehend interessant und gewinnbringend, als das eine Analyse der Erfolgsstrategien anderen Städten und Regionen zu einer ähnlichen wirtschaftlichen Entwicklung verhelfen könnte und sich somit die Macht dezentralisieren würde, was zu mehr Diversität und weniger Monopolismus führen würde.

Aus den genannten Gründen stellt die Metropole Moskau einen (stadt-)geographisch interessanten Raum dar. Die vorliegende Arbeit wird vor diesem Hintergrund die wirtschaftliche Entwicklung Moskaus sowie die nationale Bedeutung der Stadt für

Russland darstellen. Darüber hinaus werden die Funktionen einer Metropole skizziert und geprüft, inwiefern diese von Moskau erfüllt werden. Die Arbeit schließt mit einem Fazit ab, welches die gewonnenen Erkenntnisse zusammenfasst, beurteilt und einen Ausblick für eine mögliche zukünftige Entwicklung gibt.

2. Metropolen

2.1 Charakteristika von Metropolregionen

Metropolregionen lassen sich anhand verschiedener Charakteristika identifizieren. Dabei ist zu erwähnen, dass sich Regionen über mehrere Jahre hinweg zu Metropolen entwickeln und nicht von Beginn ihrer Gründung als solche bezeichnet werden. Eine Metropole besitzt „innerhalb eines Landes eine herausgehobene politische, wirtschaftliche und/ oder gesellschaftliche Zentralität" (Gerhard, 2018: 1500). Bereits in der Antike war der Begriff Metropole Synonym für das heutige Wort Hauptstadt (vgl. Gerhard, 2018: 1500). Eine Definition des Begriffs Metropole ist nicht einheitlich festgelegt, da manche Forscher nach dem Kriterium der Bevölkerungsdichte und andere wiederum anhand der internen Struktur einer Region beurteilen, ob es sich um eine Metropolregion handelt oder nicht (vgl. Gerhard 2018: 1500). Metropolregionen übernehmen „als hoch verdichtete Standorte Knotenfunktionen in den global vernetzten Güter-, Kapital-, Informations- und Personenströmen" (Knieling et al., 2007: 3). Ein urbaner Raum gilt heutzutage als „Ballungsgebiet, das sich über Grenzen von mehreren lokalen, regionalen und manchmal nationalen Gebietskörperschaften erstreckt" (Kübler, 2003: 535). Außerdem prägen Metropolregionen „das heutige Gesicht des Städtischen" (Kübler, 2003: 535). Die Stadt im früheren Sinne, in der alle Einheiten integriert waren, existiert heutzutage nicht mehr.

Aufgrund der seit einigen Jahren festzustellenden Veränderungen, die in Verbindung mit der Globalisierung stehen, treten Metropolen immer mehr in den Mittelpunkt des „wirtschaftliche[n] und gesellschaftliche[n] Wandel[s]" (Knieling et al., 2007: 1), da die dort vorhandene starke Dichte der Bevölkerung diese Prozesse auslöst. Die vier deutlichsten Veränderungen aus räumlicher Sicht sind zum einen die Erkenntnis, dass „sich ökonomische Entwicklungspotentiale und Innovationskapazitäten in Metropolen bzw. Großstadtregionen entfalten" (Knieling et al., 2007: 1). Zum anderen etablieren sich „neue Hierarchien von urbanen Räumen" (Knieling et al., 2007: 1) im Zuge der globalen Arbeitsteilung. Darüber hinaus bilden sich „neue Ungleichheiten zwischen Räumen" (Knieling et al., 2007: 1) heraus und die bereits vorhandenen Disparitäten verstärken sich. Das parallele Existieren von „Wachstums-, Stagnations- und Schrumpfungsregionen" (Knieling et al., 2007: 2) ist dabei nicht aufzuhalten, da die Weiterentwicklung einer Region die Stagnation oder sogar das Schrumpfen einer anderen Region verursacht.

Außerdem stellen sich an jede Metropolregion institutionelle Anforderungen, die „sich jeweils an sehr unterschiedlichen, lokal spezifischen Kombinationen von institutionellen, wirtschaftlichen, sozialen und politischen Faktoren orientieren" (Kübler, 2003: 539). Die Koordination der verschiedenen Akteure und ihrer Interessen stehen dabei im Vordergrund, da sich diese je nach Region unterscheiden.

Metropolregionen unterscheiden sich in Bezug auf die Dimension, anhand welcher sie analysiert werden. Hinsichtlich der symbolischen Dimension sind Metropolregionen jene, die über Zeichen verfügen, die sie als Weltstadt repräsentieren. In Bezug auf die Raumentwicklung hingegen „sind Metropolregionen eine normative Leitvorstellung, die zur Förderung von Innovation und Wirtschaftswachstum beitragen soll" (Knieling et al., 2007: 3). Ökonomische Aktivitäten konzentrieren sich zunehmend in metropolitanen Räumen, da diese das Potential haben, Unternehmen den Zugang zu qualifizierten Arbeitskräften und die Verknüpfung mit anderen Institutionen zu bieten (vgl. Knieling et al., 2007: 1). Die Komplexität von Metropolregionen stellt sich als ein weiteres Kriterium heraus, da sie „funktional vielfach verflochtene Lebens- und Standorträume" (Knieling et al., 2007: 1) sind, welche die Etablierung eines „Handels- und Produktionsnetzwerkes" (Knieling et al., 2007: 2) ermöglichen. Die neue Arbeitsteilung der Städte führt zu einer „vertikal abgestufte[n] Hierarchie globalisierter Stadt-Regionen" (Knieling et al., 2007: 2) und es kommt darüber hinaus zu einer neuen Anordnung der territorialen Konzentration. Dabei wird zwischen zwei Arten von Metropolregionen unterschieden. Auf der einen Seite gibt es Metropolregionen mit einem „dominierenden urbanen Kern" (Knieling et al., 2007: 2), welche von kleineren Städten umgeben sind. Demzufolge haben sie einen großen Einfluss auf die kleineren Städte, da diese von der Metropolregion abhängig sind. Auf der anderen Seite gibt es Metropolregionen, die in unmittelbarere Nähe zu anderen Städten liegen und die sich „hinsichtlich ihrer Bevölkerungszahl und ökonomischer Bedeutung nicht wesentlich [unterscheiden]" (Knieling et al., 2007: 2).

2.2 Metropolfunktionen

Metropolregionen müssen bestimmte Funktionen erfüllen, um ihren Status als Metropole nicht zu verlieren und damit sie als solche identifiziert werden können. Unterschieden wird dabei vorrangig zwischen vier zentralen Funktionen, die im Folgenden dargestellt werden.

Die erste Funktion ist die **Entscheidungs- und Kontrollfunktion**. Diese Funktion wird grundlegend dann erfüllt, wenn „Steuerungszentralen des internationalen wirtschaftlichen und politischen Geschehens" (Knieling et al., 2007: 6) in einer Region vorhanden sind. Das Vorhandensein solcher Zentralen ermöglicht der Region das Errichten der nötigen Vernetzungen mit anderen Regionen. Standortbedingungen und vergangene Entscheidungen haben zu der heutigen Verteilung der Zentralen beigetragen, weil sie das Potential einzelner Regionen beeinflussen. Demzufolge führt die Etablierung von mehreren Steuerungszentren innerhalb einer Metropolregion zu „selbstverstärkende[n] Prozessen" (Knieling et al., 2007: 6) aufgrund der daraus folgenden hohen Gewichtung.

Darüber hinaus wird die **Innovations- und Wettbewerbsfunktion** einer Metropole beurteilt. Dabei geht es vor allem darum, welche Rolle die „Wissensökonomie" (Knieling et al., 2007: 6) in der Metropole einnimmt, da diese bestimmt, wie entwicklungs- und damit auch wie wettbewerbsfähig eine Region ist. Um diese Funktion in einem höheren Maße zu erfüllen, ist es wichtig, dass die lokal ansässigen „Wissensträger, Wissensproduzenten und Kreative[n]" (Knieling et al., 2007: 6) gefördert werden, um dem Risiko, qualifizierte Personen zu verlieren, auszuweichen.

Des Weiteren gibt es die **Gatewayfunktion**, die einen hohen Stellenwert einnimmt, da sie Auskunft darüber gibt, wie stark eine Metropole in die „internationalen und globalen Ströme" (Knieling et al., 2007: 6) eingebunden ist und wie gut die internationale Erreichbarkeit einer Metropolregion gewährleistet ist. Im Vordergrund steht dabei „die Leistungsfähigkeit der Infrastruktur" (Knieling et al., 2007: 6), aber auch der „Austausch von und den Zugang zu Dienstleistungen, Informationen und Wissen, Ideen und Einstellungen" (Knieling et al., 2007: 6). Insbesondere Metropolregionen sind von dem Zusammenleben von Menschen aus unterschiedlichen kulturellen Hintergründen geprägt, weshalb hierbei beurteilt wird, wie „produktiv dieses Zusammentreffen erfolgt" (Knieling et al., 2007: 6) und inwieweit sich der Raum durch das Zusammenkommen dieser Menschen zukunftsorientiert und leistungsstark entwickeln kann.

Die letzte Funktion ist die **Symbolfunktion**. Dabei wird vor allem auf eine „glaubwürdige und unverwechselbare Einzigartigkeit und Ausstrahlung" (Knieling et al., 2007: 6) der Metropole auf internationaler Ebene ein großer Wert gelegt. Besonders ausgeprägt ist diese Funktion, wenn es der Metropole gelingt, in den vier Bereichen Wirtschaft, Sozio-Kulturalität, Architektur und Historik gleichermaßen symbolhaft im internationalen Kontext zu stehen und, wenn gleichzeitig die Menschen die konstruierte Symbolhaftigkeit verkörpern und verbreiten (vgl. Knieling et al., 2007: 6).

3. Zahlen, Daten und Fakten zu Moskau

3.1 geographische Einordnung Moskaus in Russland

Die russische Hauptstadt Moskau ist mit rund 12,62 Millionen Einwohnern, Stand 2019 (vgl. Data Commons, 2019), die größte Stadt Europas. Moskau ist in zwölf Verwaltungsbezirke gegliedert und der zuständige Oberbürgermeister ist Sergei Sobjanin. Seit 1147 wird Moskau als Stadt bezeichnet und das Jahr ist gleichzeitig das Gründungsjahr. Auf einer Gesamtfläche von 2510 Quadratkilometern herrscht eine Bevölkerungsdichte von rund 4583 Einwohnern pro Quadratkilometer. Die Stadt gehört zu dem europäischen Teil Russlands, in dem zwei Drittel der gesamten russischen Bevölkerung leben (vgl. Höfer & Röckenhaus, 2018). Eingegrenzt wird die Stadt von den beiden Flüssen Oka und Wolga. Außerdem durchquert ein weiterer kleiner Fluss namens Moskwa, der für den Namen der Stadt verantwortlich ist, das Stadtgebiet. Der Moskau-Wolga-Kanal stellt für Schiffe eine Verbindung zum Iwankowoer Stausee sicher. Die Wolga, Europas längster Fluss, ist 3500 Kilometer lang. Als Stadtbegrenzung wird der Autobahnring, welcher 109 Kilometer lang ist und 1962 gebaut wurde, angesehen. Ein Drittel der Fläche Moskaus ist begrünt. Dies ist außerdem an dem Waldgürtel erkennbar, der sich um die gesamte Stadt erstreckt.

In vielerlei Hinsicht gilt Moskau als das Zentrum Russlands, da dort politische, wirtschaftliche, wissenschaftliche und kulturelle Knotenpunkte vorzufinden sind. Zum einen ist Moskau „Verwaltungssitz des Oblasts" (Ellrich, 2014) Moskau und zum anderen ist die Stadt das Gebiet, in dem Tradition und Moderne aufeinander treffen (vgl. Ellrich, 2014). Seit 1922 gilt Moskau als „politische und wirtschaftliche Schaltzentrale des gesamten Landes" (Ellrich, 2014), weil die Stadt in diesem Jahr zur Hauptstadt der Sowjetunion erklärt wurde.

Der Ostankino Fernsehturm ist mit einer Höhe von 540 Metern Europas höchstes Gebäude (vgl. Höfer et al., 2018).

Der Roter Platz ist sehr bekannt und die berühmte Basilius-Kathedrale verfügt über

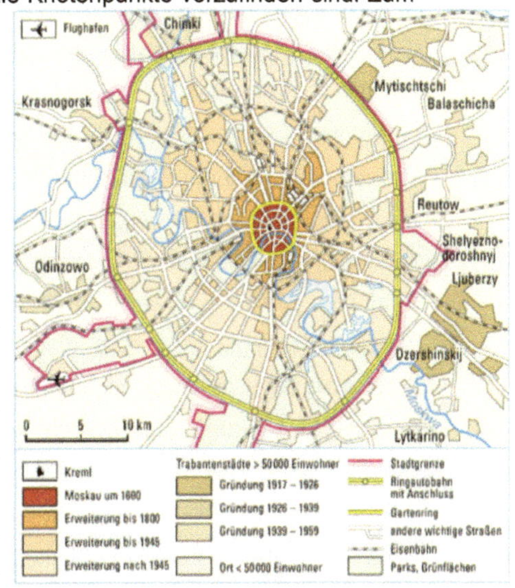

Abbildung 1: Aufbau Moskaus (Quelle: https://www.klett.de/sixcms/media.php/427/moskau_klett.jpg)

eine streng symmetrische Anordnung der neun Zwiebelkuppeln (vgl. Höfer et al., 2018).

Vor 5000 Jahren lebten bereits Menschen in dem Ort, der heute als Moskau bezeichnet wird. 1156 wurden die ersten Kremlmauern zum Schutz der wichtigen Gebäude in Moskau gebaut, weshalb ab diesem Zeitpunkt vom „Beginn des heutigen Russlands" (Höfer et al., 2018) gesprochen wird. Die Regionen nördlich und östlich

Abbildung 2: Bevölkerungsdichte in Russland (Quelle: https://de.maps-russia.com/bev%C3%B6lkerung-dichte-karte-von-russland#&gid=1&pid=1)

Abbildung 3: Luftbild von Russland (Quelle: http://www.zdf.de/dokumentation/terra-x/russland-von-oben-teil-eins-100.html)

von Moskau werden als „goldener Ring" (Höfer et al., 2018) bezeichnet. Abbildung eins zeigt den Aufbau Moskaus mit dem Kreml im Zentrum und den unterschiedlichen Schutzmauern, die nach einigen Jahren erweitert wurden. Die Karte in Abbildung zwei verdeutlicht die Konzentration der Bevölkerungsdichte in Moskau ebenso wie das Luftbild in der dritten Abbildung, an dem zu erkennen ist, wie dicht besiedelt Moskau im Vergleich zum restlichen Teil des Landes ist.

Heutzutage gelten der Kreml und der Rote Platz als Zentrum Moskaus und stehen beide „seit 1990 auf der UNESCI-Liste des Weltkulturerbes" (Moskau - Machtzentrum Russlands). Moskau gilt als die „grünste Hauptstadt der Welt" (Manajew, 2021), da die Stadt über 20 Quadratmeter Grünfläche pro Einwohner verfügt. Bereits seit dem 18. Jahrhundert begann Moskau damit, die umliegende Landschaft zu gestalten. Angesichts der stark anwachsenden Bevölkerung, auch im Zuge der Revolution 1917, mussten viele Grünflächen gerodet werden, um Platz für neue Wohngebäude zu schaffen. Bis 1961 wurden „über 500.000 Bäume und Sträucher gepflanzt" (Manajew, 2021), damit die Ökologisierung Moskaus vorangetrieben wird. Darüber hinaus verfügt Moskau über mehrere große Parkanlagen, die im 20. Jahrhundert eröffnet würden und sich über eine Gesamtfläche von 161,38 Quadratkilometer erstrecken (vgl. Manajew,

2021). Aufgrund der hohen Luftverschmutzung und Lärmbelästigung durch das Roden von Wäldern, ist das Fällen von Bäumen nur noch in bestimmten Gründen gestattet. Moskau plant bis Ende des Jahres 2021 über 141.000 neue Pflanzen anzubauen, um der Luftverschmutzung entgegenzuwirken, da die Stadt aktuell auf dem 27. Platz der Städte mit der größten Luftverschmutzung liegt (vgl. Manjew, 2021).

In Moskau befinden sich 1200 Banken, in denen rund 75 Prozent der russischen Finanzgeschäfte getätigt werden. Die Stadt sei ein „Dienstleistungszentrum von kontinentaler Bedeutung" (Moskau - Machtzentrum Russlands). Der Bedarf an Fläche für Bürogebäude ist beachtlich, weshalb zahlreiche Wolkenkratzer in Moskau erbaut wurden, die wenig Fläche benötigen und trotzdem, aufgrund ihrer Höhe, viel Platz bieten. Darüber hinaus gibt es zahlreiche Luxusgegenden, in denen Produkte aus hohen Preisklassen zu erwerben sind. Trotzdem ist die Spanne zwischen Armut in Reichtum in Moskau deutlich erkennbar, besonders, weil sich die beiden Kontroversen auch örtlich voneinander abgrenzen. Die Oberschicht hat ihr Territorium deutlich von dem der in Armut lebenden Menschen abgegrenzt, um von den Folgen der Umweltverschmutzung weitgehend verschont zu bleiben. Diese Abgrenzung führt allerdings auch zu einer sozialen Distanzierung der oberen von der unteren Schicht.

Die Infrastruktur der Stadt gilt als „chronisches Problem der russischen Metropole" (Moskau - Machtzentrum Russlands). Die vorhandenen öffentlichen Verkehrsmittel werden lediglich von wenigen Einwohnern Moskaus genutzt, weshalb es, aufgrund der Vielzahl von Einwohnern, zu häufigen Staus kommt. Das Ausbauen von Straßen gestaltet sich dahingehend als schwierig, als dass die vorhandene Fläche für Gebäude benötigt wird.

> „Der Bestand an markfähiger Bürofläche kann in Verbindung mit der Dynamik der Nachfrage als direkter Indikator der ökonomischen Verflechtung im internationalen Maßstab gelten" (Brade/ Rudolph, 2001: 1079).

Moskau erscheint als Zentrum des Landes "um so [sic!] glanzvoller im Kontrast zu den russischen Regionen, der Peripherie des Landes" (Brade/Rudolph, 2001: 1068). Aus diesem Grund wird der Eindruck erweckt, dass die Stadt lediglich geographisch an Russland gebunden sei und sich ein internationales Handelsnetzwerk aufgebaut, für welches das „unmittelbare Hinterland nicht mehr bedeutend für die eigene wirtschaftliche Prosperität erscheint" (Brade/ Rudolph, 2001: 1068). Im Zuge dessen kam es zu einem „Bedeutungswandel von Zentrum und Peripherien" (Brade/ Rudolph, 2001: 1068) und die Ungleichheiten zwischen Moskau und dem restlichen Teil des Landes wachsen unaufhaltsam weiter. Die „'Vermittlerrolle'" (Brade/ Rudolph, 2001:

1068), welche Moskau in der Kommunikation zwischen den westlichen Ländern und Russland einnimmt ist dabei nicht zu vernachlässigen.

Moskau verfügt über eine „Vielfalt an Standortprofilen" (Brade/ Rudolph, 2001: 1079) und bietet somit Bürogebäude für unterschiedliche Bedürfnisse. Diese Voraussetzungen bieten potentiellen Investoren attraktive Angebote. Die Stadt hat „aufgrund der Konzentration von Macht-, Wirtschafts- und Finanzstrukturen in zunehmendem Maße Chancen [...], sich über das nationale Wirtschafsgefüge hinaus in das internationale Städtenetz zu integrieren" (Brade/ Rudolph, 2001: 1070). Dieser Aspekt wird auch dahingehend deutlich, dass Moskau, ähnlich wie Paris, „in vielerlei Hinsicht als (unerreichbares) Vorbild und Maßstab für das übrige Land, als zivilisatorisches Modell" (Brade/ Rudolph, 2001: 1070) gilt und die Moskauer Einwohner für die übrige russische Bevölkerung „'etwas Besonderes'" (Brade/ Rudolph, 2001: 1070) sind. Die Region Moskau bestimmte die „Wirtschaftspolitik der verbündeten Staaten wesentlich mit" (Brade/ Rudolph, 2001: 1071), aufgrund ihrer „politischen, ideologischen und militärischen Vormachtstellung" (Brade/ Rudolph, 2001: 1071). Die hauptstädtischen Regionen Moskau und St. Petersburg zeugten von weitaus besseren „Ausgangsbedingungen für die Entwicklungschancen" (Brade/ Rudolph, 2001: 1072) in Zeiten des Zerfalls der Sowjetunion, als andere Regionen. „Der sozioökonomische Wandel Moskaus, die schnelle Entwicklung einer unternehmerischen Infrastruktur im Stadtzentrum, die sichtbaren Prozesse einer Cityentwicklung westlichen Typs" (Brade/ Rudolph, 2001: 1077) haben der Stadt eine hohe internationale Bedeutung gegeben. Die „unternehmensorientierten Dienstleistungen führten zur Entstehung einer international orientierten Infrastruktur des Geschäftslebens" (Brade/ Rudolph, 2001: 1078).

Das folgende Kapitel dient der Überprüfung der Metropolfunktionen von Moskau anhand der vier verschiedenen Metropolfunktionen.

Hinsichtlich der Entscheidungs- und Kontrollfunktion lassen sich viele Belege dafür ausfündig machen, dass es sich bei Moskau definitiv um eine Metropolregion handelt. Zu Beginn ist dabei zu erwähnen, dass Moskau ein vergleichsweise hohes pro Kopf Einkommen von 26.700 US-Dollar hat, was dreimal so hoch wie der russische Durchschnitt ist (vgl. Hosp, 2010). Darüber hinaus ist Moskau die Stadt der Reichen. Rubljowka, ein Gebiet in Moskau, gilt als eines der teuersten Wohngegenden der Welt und ist bekannt für seinen Reichtum. In der Nähe des Kremls befindet sich ein Stück Land, auf dem Luxusimmobilien gebaut werden, weshalb es als ‚Goldene Meile' betitelt wird. Eine Immobilie kann bis zu 10 Millionen US-Dollar kosten. Chamowniki gilt als ein weiteres Elite-Viertel, welches hinsichtlich der Architektur sehr vielseitig ist und in dem ein Quadratmeter Wohnung circa 11 Tausend US-Dollar kostet, was deutlich über dem Durchschnitt in Moskau liegt. In Jakimanka kostet ein Quadratmeter um die 20 Tausend US-Dollar und der Bezirk verfügt über alte Fabriken sowie eine Menge von Clubs, Restaurants und Bars. Das luxuriöse Viertel Arbat ist bekannt für seine zahlreichen historischen Sehenswürdigkeiten, unter anderem für das Spaso Haus, welches seit 1933 die Residenz des US-Botschafters in Russland ist. Der Bezirk Presenesky ist ebenfalls ein sehr teures Gebiet und bekannt für das Geschäftszentrum Moskaus inklusive der berühmten Wolkenkratzer. Die drei Orte Twerskoi, Meschtschanski und Samoskwortschje sind ebenfalls teure Ortschaften mit wichtigen Gebäuden, wie beispielsweise dem russischen Parlament und das Gebäude des Generalgouverneurs. Allerdings fehlt diesen drei Orten die Fläche, um weitere bauliche Projekte umzusetzen (vgl. Schewtschenko, 2020). Außerdem sind Teile des Finanzsektors, wie große Firmen und Banken in Moskau vorzufinden, unter anderem Gazprom, Sberbank, Rosnef und Lukoil. Eine internationale Verknüpfung in Form einer Zusammenarbeit zwischen Moskau und Leipzig besteht seit dem Jahr 2014 (vgl. Website Stadt Leipzig). Weitere Partnerstädte Moskaus sind außerdem Berlin, Wien, Düsseldorf, Peking, Warschau, Chicago und Madrid. Darüber hinaus ist festzustellen, dass bereits im Jahr 2020 fast die Hälfte aller russischen Exporte nach Japan aus Moskau stammten (vgl. Made in Russia, 2021).

In Bezug auf die Innovations- und Wettbewerbsfunktion lassen sich ebenfalls einige Faktoren feststellen, die bestätigen, dass Moskau eine Metropole ist. Die drei großen und vier kleineren Universitäten weisen darauf hin, dass die Möglichkeit zur Weiterbildung vieler Menschen in Moskau gewährleistet wird. Über 250 Tausend Studierende werden in den 380 verschiedenen Forschungseinrichtungen ausgebildet. International bekannt ist vor allem die staatliche Lomonossow-Universität Moskau, die älteste und größte Universität Russlands. Die wissenschaftliche Bedeutung der Stadt wird durch weitere 1.000 Forschungsinstitute und über 4.000 Bibliotheken unterstrichen. Außerdem werden in Moskau zahlreiche Patente angemeldet, die die Wettbewerbsfähigkeit der Metropole stärken (vgl. Klett Verlag).

Die Gatewayfunktion wird von Moskau ebenfalls erfüllt. So verfügt die Metropole über neun Kopfbahnhöfe, drei internationale Flughäfen und drei Binnenhäfen an der Moskwa, welche die überragende wirtschaftliche Bedeutung der Metropole unterstreichen, weil sie die Anbindung an den Schiffsverkehr ermöglichen. Des Weiteren gilt die Moskauer Metro als das tiefste U-Bahnsystem der Welt, welches 1935 verhältnismäßig spät fertiggestellt wurde. Heutzutage befördert die Metro mehr als 2,6 Milliarden Fahrgäste pro Jahr und gilt damit als eine der am häufigsten in Anspruch genommenen U-Bahnen der Welt. Mit einer Länge von 278,3 Kilometern und 172 Stationen ist das Streckennetz, welches täglich von 9 Millionen Menschen genutzt wird äußerst ausgeprägt. Die U-Bahnstationen in der Innenstadt sind kunstvoll gestaltet und werden als ‚unterirdische Kathedralen' bezeichnet (vgl. Schulze, 2020).

Die Symbolfunktion wird ebenfalls von Moskau erfüllt. Die Stadt ist von unterschiedlichen kulturellen Einflüssen und Religionen geprägt. Überwiegend sind die Menschen in Moskau russisch-orthodox, allerdings ist der Islam ebenfalls vertreten (vgl. Hartwich, 2011). In der Vergangenheit war den Menschen der christliche Glauben untersagt, weshalb er heutzutage umso mehr ausgelebt wird. Besonders eindrucksvoll sind außerdem die zahlreichen gigantischen Bauwerke, wie beispielsweise die staatliche Universität Moskau oder die ‚Sieben Schwestern', welche als der höchste und spektakulärste Wolkenkratzer Europas gilt (vgl. Domingo, 2019), wie in der nebenstehenden dargestellt. Darüber hinaus gilt die Basilius-Kathedrale in welche sich in der Nähe des Roten Platzes befindet, als Moskaus. Sie ist ein architektonisches Meisterwerk, da

Abbildung 4: Moskaus Sieben Schwestern (Quelle: https://www.smarttravelers.de/sehenswuerdigkeiten/russland/moskau/sieben-schwestern-stalins/)

Abbildung vier
Abbildung fünf,
Wahrzeichen
sie aus neun

Hauptkuppeln besteht, die zwiebelförmig gebaut sind und symmetrisch errichtet wurden. Heutzutage bietet die Kathedrale den Touristen die Möglichkeit, mehr über die russische Geschichte zu erfahren, da sie zu einem Museum umgebaut wurde und somit besichtigt werden kann. Die traditionellen Baustile werden mit der Zeit modernisiert, die ursprüngliche Kunst bleibt jedoch weitgehend erhalten. Die extremen Veränderungen hinsichtlich des Städtebaus in Moskau sind das auffälligste Merkmal der Stadt und wirken auf vielen Touristen als sehr eindrucksvoll und zeugen von einem hohen Wiedererkennungswert.

Die Abbildung wurde aus urheberrechtlichen Gründen von der Redaktion entfernt

Abbildung 5: Basilius-Kathedrale (Quelle: https://franks-travelbox.com/asien/russland/basilius-kathedrale-in-moskau-russland/)

4. Wirtschaftliche Entwicklung Moskaus

In der Form eines Sternes führten die Handelsrouten nach dem Wiederaufbau Moskaus 1813 auf den Kreml zu, der mit der Zeit von immer mehr Schutzschichten umgeben wurde und mittlerweile von vier Ringen geschützt wird (vgl. Höfer et al., 2018). Die angesprochene Sternenform wird in Abbildung sechs deutlich.

Ab dem 16. Jahrhundert waren Felle und Pelze die ersten Exporte Russlands (vgl. Höfer et al., 2018). Im Sommer ist die Basilius-Kathedrale, die auch als die Zwiebeltürme bekannt ist, eine bedeutende Touristenattraktion.

Abbildung 6: Zentrum von Russland (Quelle: https://www.zdf.de/dokumentation/terra-x/russland-von-oben-teil-eins-100.html)

Moskau gilt als die „bedeutendste Stadt der Russischen Föderation" (Ellrich, 2014). Darüber hinaus ist Moskau im europäischen Teil Russlands „der wichtigste nationale und internationale Verkehrsknotenpunkt Russlands" (Ellrich, 2014). Auch wirtschaftlich ist Moskau Russlands Zentrum und die am stärksten vertretenden Industriebranchen sind „der Werkzeugmaschinen- und Werkzeugbau, Elektroindustrie, Kraftfahrzeugindustrie und Gerätebau" (Ellrich, 2014). Aufgrund dieser Tatsache sind mehr als die Hälfte der in Moskau lebenden Menschen in einer dieser Branchen tätig. Neben der Schwerindustrie ist auch der Militär-Industrie-Komplex in Moskau vertreten. Der Dienstleistungssektor wird zunehmend wichtiger und mehr als „80% des Finanzkapitals sind in der Stadt konzentriert" (Ellrich, 2014). Aus diesem Grund siedeln sich in Moskau viele internationale, aber auch bedeutende russische Unternehmen an. Insgesamt haben sich in den letzten Jahren neue Sektoren ausgeprägt. Aufgrund der Zunahme der zahlreichen Einkaufszentren, ist der Anteil der im Einzelhandel tätigen Menschen deutlich gestiegen. Dies liegt unter anderem an der Expansion des russischen Einzelhandels ins Ausland, wie beispielsweise die Niederlassung von Filialen in Deutschland (vgl. Wittmann, 2019). Wegen des hohen Finanzkapitals in Moskau sind viele Einwohner Moskaus bei „den unzähligen Banken und Versicherungen" (Ellrich, 2014) angestellt.

Die Arbeitslosenquote sinkt und „die Beschäftigungsquote nähert sich der Vollbeschäftigung" (Ellrich, 2014). Von 1998 bis 2026 wird die Arbeitslosenquote voraussichtlich um 8,43% abgenommen haben und somit im Jahr 2026 bei 4,6% liegen (vgl. Urmersbach, 2021a). Aus finanzieller Sicht hat sich Moskau innerhalb der letzten 30 Jahre von einer erschwinglichen zu „einer der teuersten Städte entwickelt" (Ellrich, 2014). Die Inflation ist von 3,02% im Mai 2020 auf 6,02% im Mai 2021 angestiegen, was diese Veränderung widerspiegelt (vgl. Urmersbach, 2021b). Aufgrund des steigenden Reichtums der Stadt werden fortlaufend neue Bauprojekte geplant und durchgeführt, um der kontinuierlich aufkommenden Nachfrage nach Büro- sowie Wohnfläche nachzukommen.

Seit dem Jahr 1922, in welchem es zu der Etablierung einer Marktwirtschaft in Russland kam, musste es zu einer „grundlegenden Umgestaltung des politisch-gesellschaftlichen Gesamtsystems" (Höhmann, 2004) kommen. In diesem Zeitraum kam es in Russland zu einem Wechsel des politischen Systems, was dazu geführt hat, dass Russland eine Demokratie wurde. Im Zuge der zunehmend diversen Gesellschaft trat außerdem ein „soziale[r] Wandel von einer totalitär überformten zu einer pluralistischen Gesellschaft" (Höhmann, 2004) ein. Die Marktwirtschaft gewinnt im Laufe der Jahre zunehmend an Akzeptanz und es bilden sich neue Wirtschaftszweige, wie „Dienstleistungen, der Finanzbereich und konsumnahe Sektoren" (Höhmann, 2004) heraus. Die größte Hürde war dabei, die Auswirkungen der sowjetischen Planwirtschaft zu mindern, die eine „[permanente] Ausbeutung der ökonomischen Ressourcen des Landes im Interesse kurzfristiger Machtentfaltung" (Höhmann, 2004) ausgelöst hat. Die „unwirtschaftliche[n], extensive[n] Beschäftigungsverhältnisse" (Höhmann, 2004) haben darüber hinaus zu einer hohen Arbeitslosigkeit geführt, die in Kombination mit einer Preisexplosion in den Anfängen der 1990er Jahre zu zahlreichen sozialen Problemen beigetragen hat. In der Mitte der 1990er Jahre entwickelte sich die Wirtschaft und die Währung stabil, bis es im August 1998 zur Finanz- und Wachstumskrise, aufgrund von „extrem spekulative[m] Verhalten der Banken" (Höhmann, 2004) kam. Ab März 1992 war es den einzelnen russischen Regionen möglich, „die Liberalisierungsprogramme nach ihren Vorstellungen zu modifizieren" (Höhmann, 2004). Diese neue Möglichkeit führte dazu, dass es im gesamten Land zu „instabilen und widersprüchlichen Gesetzgebungsakten" (Höhmann, 2004) kam und somit zu einer Spaltung der Gesellschaft und zu unklaren Machtverhältnissen zwischen den einzelnen Regionen und dem Zentrum. Als der russische Präsident Wladimir Wladimirowitsch Putin im Mai 2012 an die Macht kommt, appelliert er für „neue, für ganz Russland geltende und die Einheit des Wirtschaftsraums sichernde marktwirtschaftliche Reformen" (Höhmann, 2004). Seine Forderungen sind jedoch nicht besingungslos erfüllbar, aufgrund des vorhandenen Monopols des Rohstoff- und Energiesektors, der bedingt, dass 85 Prozent der Umsätze der privaten Kapitalgesellschaften Russlands von wenigen großen Eigentümergruppen kontrolliert werden (vgl. Höhmann, 2004). Das Vorherrschen eines prekären Verhältnisses „zwischen Privatisierung und der Verbreitung aller Arten von Kriminalität" (Höhmann, 2004) behindern ebenfalls eine flächendeckende Privatisierung von Staatsbesitz.

Moskau hat es im Jahr 2019 geschafft, einen der ersten 50 Plätze des LaSalle European Regional Economic Growth Indexes (E-REGI) zu belegen, welcher jeder europäischen Region einen Wert zuschreibt, der die wirtschaftlichen Wachstumsaussichten, die Qualität des Umfelds der Industrie sowie die Gesundheit und das verfügbare Kapital der Menschen beschreibt (vgl. UK cities resilient to Brexit uncertainty due to strength of service sector, 2019). Darüber hinaus hat Moskau ebenfalls 2019 den Titel für die beste Entwicklung von Museen und die Verbesserung der Bedingungen für Geschäftsführung verliehen bekommen (vgl. A.T. Kearney, 2019). Innerhalb eines Zeitraums von acht Jahren ist Russland von Platz 120 auf Platz 28 in einem weltweiten Ranking der wirtschaftsreichsten Banken gestiegen. Dabei macht Moskau 70% der gesamten russischen Umsätze aus (vgl. World Bank Group, 2020).

Russlands Ziel sei das „Bestreben der politischen Führung [...], die Staatsanteile in großen Unternehmen zu erhöhen und überhaupt den staatlichen Einfluss vor allem auf die so gewinnbringende Erdöl- und Erdgasindustrie auszuweiten" (Mommsen, 2006: 101). Das Vertrauen in die russische Regierung und die Wirtschaft ist jedoch nicht uneingeschränkt vorhanden, verursacht durch die zunehmende Korruption seit der Herrschaft Putins (vgl. Mommsen, 2006: 102). Das bauliche Projekt ‚Moskva City', welches 1995 angefangen wurde zu bauen und bei dem zahlreiche Wohn- und Bürogebäude errichtet wurden, die unter anderem luxuriös ausgestattet sind, verbindet die Vorteile einer zentralen Lage mit einer guten Anbindung an die vorhandene Infrastruktur und die vielen Verwaltungszentren, die in diesem Gebiet vorhanden sind. Projekte dieser Art repräsentieren das stetige wirtschaftliche Wachstum der Stadt und die damit verbundene nationale Bedeutung für das gesamte Land.

5. nationale Bedeutung Moskaus für Russland

Moskaus nationale und ökonomische Bedeutung für gesamt Russland wird anhand der vielen genannten Aspekte deutlich. Die Stadt steht im internationalen Kontext durchaus als Wahrzeichen des Landes, lässt die anderen Städte jedoch gleichzeitig im Schatten ihres Einflusses nahezu verschwinden.

Die wirtschaftliche Bedeutung Moskaus kann aus zwei Blickwinkeln betrachtet und beurteilt werden, denn sie hat sowohl positive als auch negative Auswirkungen auf Russland. Diese Aspekte werden im Folgenden dargestellt und abschließend im Fazit in Kapitel sechs bewertet.

5.1 positive Aspekte der ökonomischen Bedeutung Moskaus

Aufgrund der genannten Funktionen und Ausstattungen der Stadt, bietet Moskau gute Möglichkeiten für Start-Ups. Junge Investoren bekommen in Moskau die Möglichkeit, sich mit anderen Unternehmen zu verbinden und einen eigenen Betrieb aufzubauen. Aufgrund der wirtschaftlichen Stärke der Stadt ist es außerdem attraktiv für Menschen, ihr Unternehmen oder eine Zweitstelle in Moskau niederzulassen. Die guten Standortbedingungen in Bezug auf die notwenige Verknüpfung mit anderen Firmen und das daraus folgende Profitieren von anderen Unternehmensstrukturen wirken sich positiv auf die Außendarstellung der Stadt aus. Dies wird auch in einer Statistik deutlich, bei der Moskau den vierten Platz der hundert besten Städte belegt (vgl. Best Cities, 2021). Auch in der Coronapandemie in den Jahren 2020 und 2021 hat Moskau den Unternehmen finanzielle Unterstützung geboten, sodass diese nicht insolvent gegangen sind (vgl. Samarin, 2020). Die zahlreichen Touristenattraktionen ziehen viele Besucher in die Stadt, was sich positiv auf die wirtschaftliche Lage des Landes auswirkt, weil sie viel Geld in die lokalen Geschäfte und Dienstleistungen investieren. Die Gastronomie und die gesamte russische Wirtschaft werden dadurch gestärkt, was dazu führt, dass ausländische Unternehmen oder andere Länder Vertrauen in die Stadt haben und sie als (zukunfts-)sicher einstufen. Diese Sicherheit führt auch auf politischer Ebene zu mehr Vertrauen in das Land und ermöglicht dadurch neue Verträge mit anderen Ländern.

Zukünftig bietet die ökonomische Bedeutung Moskaus dem Land den Zugang zu weiteren internationalen Kooperationen, welche Russland in Krisenzeiten finanziell unterstützen könnten. Darüber hinaus sollten landesintern Strategien entwickelt werden, auf welche Weise die übrigen Städte eine ähnliche Entwicklung wie Moskau anstreben können. Dafür wird es nötig sein, dass erfolgreiche Investoren und

Unternehmer aus Moskau in Form von einer Hilfe zur Selbsthilfe den in anderen Städten ansässigen Unternehmen zum Erfolg verhelfen. Umso stabiler und flächendeckend das Land finanziell abgesichert ist, umso vertrauenswürdiger erscheint es für internationale Kooperationspartner. Die Innovationsfähigkeit sowie die Funktion als Verkehrsknoten von Handel und Finanzen, tragen dazu bei, dass „Talente aus dem ganzen Land" (Schulze, 2019) nach Moskau kommen und die Wirtschaft weiter vorantreiben. Bauprojekte, wie die ‚stolitschnaja praktika', bei dem die gesamten Plattenbauten saniert werden sollen, sind Beispiele für die wertvollen Ressourcen, die Moskau an die verbleibenden Regionen weitergibt, da diese Fachwissen und Innovationsgedanken beinhalten (vgl. Smirnova/ Zadorian/ Zupan, 2021). Zu erwähnen ist auch Moskaus „Wettbewerbsfähigkeit im Vergleich mit anderen Weltstädten" (Brade/ Rudolph, 2001: 1068), die der Metropole auf internationaler Ebene zu viel Vertrauen verhilft. In Zukunft kann das Land auf die wirtschaftliche Stärke der Hauptstadt zählen und somit als sicherer Handlungspartner von Im- und Exporten für viele Länder erhalten bleiben.

5.2   negative Aspekte der ökonomischen Bedeutung Moskaus

Die einseitige wirtschaftliche Entwicklung des Landes weist jedoch auch einige negative Aspekte auf. Es kommt zwangsweise zu einer ökonomischen Monopolbildung in Russland, da die Disparitäten zwischen Moskau und den anderen Städte des Landes zunehmend größer werden. Besonders deutlich wird die Unerreichbarkeit des wirtschaftlichen Niveaus Moskaus im Verhältnis zu der zweitgrößten Stadt Russlands, Sankt Petersburg, die lediglich „ein Viertel der Moskauer Wirtschaft" (Schulze, 2019) erreicht.

Darüber hinaus werden die Schattenseiten der Superlative und des Luxus, also die in Armut lebenden Menschen, in den abseits liegenden Dörfern ersichtlich. Die in Armut lebenden Menschen haben nicht mehr die Chance die Entwicklungen Moskaus zu erreichen und sind zwangsweise von der Metropole abhängig. Des Weiterem kommt es zu einer Überfüllung der Hauptstadt aufgrund der vielen Autos und der zahlreichen Touristen, weshalb die landesweiten Probleme des vielen Verkehrs und der hohen Umweltbelastung zunehmen. Das unüberwindbar erscheinende Müllproblem in Moskau wird durch den stark ausgeprägten Tourismus verstärkt und das Land wird sich zukünftig um verbesserte Entsorgungssysteme kümmern müssen, da besonders die Mülldeponien enorm viel nutzbare Fläche blockieren.

Zudem rückt die Stadt zunehmend isoliert in den Fokus der Medien, verursacht durch die Tatsache, dass die einflussreichsten Journalisten ihren Sitz in Moskau haben und somit keinen repräsentativen Eindruck und Überblick des gesamten Landes geben können. Dies liegt vor allem an den fehlenden finanziellen Unterstützungen für Journalisten, da sie für die Durchführung von Reportagen mehrere Tage durch das Land reisen müssten, was jedoch immer teurer wird, aufgrund des zuvor erwähnten Preisanstieg in den letzten Jahren. Das dadurch vermittelte verzerrte Bild des Landes, wenn das restliche Land überhaupt erwähnt wird, führt dazu, dass Russland nur „durch die Moskauer Brille" (Pörzgen, 2018), das heißt, aus der Sicht Moskaus dargestellt und beurteilt wird. Die durchaus verzerrte Darstellung der Stadt nach Außen wird außerdem dahingehend deutlich, dass Fortschritte und Ideen aus anderen Stadtteilen absichtlich verschwiegen werden, damit die Hauptstadt als innovativ und beeindruckend gilt, wenn sie die gleiche, neue Idee entwickelt (vgl. Smirnova et al., 2021).

Die zuvor angeschnittene Thematik der Müllentsorgung stellt in Russland ein großes Problem dar. Auch in diesem Bereich wird der Einfluss Moskaus sichtbar, da der Müll von dort in Zügen an weniger bevölkerungsreiche Orte transportiert wird, damit die gute Außendarstellung der Metropole nicht beeinträchtigt wird. Die Mülldeponien, auf denen täglich bis zu 300 vollbeladene LKW ihre Ladung ablassen, beanspruchen eine Fläche von 32 Hektar rund um Moskau. Darüber hinaus wird lediglich ein Bruchteil von zehn Prozent des gesamten angefallenen Mülls recycelt (vgl. Martus, 2020).

Des Weiteren stellt das Verkehrsaufkommen eine beachtliche Hürde dar, denn die umliegende Natur wird zerstört und es kommt zu einer häufigen Nebelbildung, aufgrund der vielen Abgase. Auch hierbei wird Moskaus Größenwahn erkennbar, da die Stadt innerhalb von 6 Jahren einen 108,9km langen Autobahnring rund um die Metropol erbaut hat, der an einigen Stellen bis zu zehn Spuren breit ist.

Das rücksichtlose, profitorientierte Wachsen der Stadt wird in Zukunft zu zahlreichen Problemen führen. Neben den exzessiven und großräumig angelegten Bauprojekten, besteht die Gefahr, dass die Einwohner Moskaus die Stadt verlassen und landesintern umziehen, weil sie die Ruhe der dezentralen Regionen schätzen. In diesem Fall würde es zu einem erheblichen Fachkräftemangel kommen, was sich negativ auf die wirtschaftliche Lage des gesamten Landes auswirken würde, wenn Moskau der einzige wirtschaftsstarke Standort in Russland bleibt. Außerdem gehört Moskau zum europäischen Teil Russlands, welcher sich zunehmend gegen die anderen Provinzen verschließt, weshalb ein Zusammenleben als einheitliche Nation zunehmend schwieriger wird und sich somit kein nationales Verständnis der russischen Bevölkerung untereinander entwickeln kann.

Um dieser Entwicklung entgegenzuwirken, ist das Verlagern von politischer und wirtschaftlicher Macht in weitere Teile Russlands notwendig, sodass der ökonomische und nationale Einfluss des Landes flächendeckend repräsentiert ist. Das Nationalgefühl muss wiederhergestellt werden, damit sich das Land auch zukünftig nach außen hin als starker Handelspartner präsentieren kann. Eine geschwächte interne Struktur wird auf Dauer zu einem Zusammenbruch der gesamten Wirtschaft führen, da sich die Metropole nicht eigenständig stärken und finanzieren kann.

6. Fazit

Unter Berücksichtigung der gesamten Ergebnisse bleibt festzuhalten, dass die Macht, welche von der Metropole Moskau ausgeht, enorm ist. Besonders in Russland, aber auch im internationalen Kontext ist Moskau ein wichtiger ökonomischer Standort, der viele wichtige Funktionen vereint und sich somit stetig weiterentwickeln kann. Die vier Funktionen, die eine Metropole erfüllen sollte, werden von Moskaus in mehreren Aspekten gedeckt. Deutlich hervor tritt dabei die Entscheidungs- und Kontrollfunktion, da besonders der Großteil des Finanzsektors in Moskau angesiedelt ist. Zudem zeugen die, im Verhältnis zum restlichen Teil des Landes, hohen Grundstück- und Immobilienpreise von der Metropolfunktion Moskaus. Der immense Verkehr in Moskau wird durch die zahlreichen Bahnhöfe und großen Straßen geregelt. Demzufolge wird auch die Gatewayfunktion in vielerlei Hinsicht von Moskau erfüllt, weshalb, in Kombination mit den Aspekten der Symbol- sowie der Innovations- und Wettbewerbsfunktion, von Moskau als Metropole gesprochen werden kann.

Die wirtschaftliche Entwicklung Moskaus und die Abhängigkeit des umliegenden Landes von der Hauptstadt verdeutlichen die nationale Bedeutung Moskaus für Russland. Der große Einfluss der Metropole sollte dabei durchaus kritisch betrachtet werden, da er sowohl zu Vor- als auch Nachteile für das Land führt. Diese Aspekte werden je nach Beobachtungsschwerpunkt unterschiedlich stark gewichtet und beurteilt, weshalb eine eindeutige Entscheidung darüber, ob die nationale Bedeutung der Stadt positiv oder negativ für das Land ist, nicht getroffen werden kann.

Zukünftig wird die Metropole weiterhin an wirtschaftlicher Stärke gewinnen und die Symbolhaftigkeit der Metropole in Bezug auf Russland wird sich stetig ausbreiten. Hinsichtlich der zahlreichen landesinternen Probleme sollte Moskau als Zentrum Pläne und Vorhaben entwickeln, die den Aspekt der Nachhaltigkeit und der Ökologie ebenfalls berücksichtigen und die anderen Regionen miteinbeziehen. Eine lediglich auf die Ökonomie konzentrierte Lebens- und Handlungsweise wird auf Dauer dazu führen, dass das Ziel eines wirtschaftlichen Wachstums nicht erreicht werden kann, da die Umwelt nicht endlos belastbar ist. Größere Umweltkatastrophen, wie Hochwasser oder andere Ereignisse, die dazu führen, dass das gesamte Land zertrümmert wird, werden zukünftig die Rückmeldung auf die rücksichtslose Entwicklung des gesamten Landes und insbesondere Moskaus sein. Darüber hinaus sollte fortan das nationale Verständnis der russischen Einwohner gestärkt werden, indem für einen Zusammenhalt der einzelnen Städte untereinander plädiert wird.

Literaturverzeichnis

A.T. Kearney (Hg.) (2019): A Question of Talent: How Human Capital Will Determine the Next Global Leaders, Online im Internet: https://www.kearney.com/documents/20152/2794549/A+Question+of+Talent%E2%80%9420 19+Global+Cities+Report.pdf/106f30b1-83db-25b3-2802-fa04343a36e4?t=1561389512018 [Stand: 12.07.2021].

Brade, I./ Rudolph, R. (2001): Global City Moskau? - Die russische Hauptstadt an der Schwelle zum 21. Jahrhundert. In o.V., *Osteuropa* (S. 1067-1086). Berlin: Berliner Wissenschafts-Verlag.

Data Commons (Hg.) (2019): Bevölkerung Moskau. Online im Internet: https://datacommons.org/place/wikidataId/Q649?utm_medium=explore&mprop=count&popt= Person&hl=de [Stand: 09.07.2021].

Domingo, I.: Stalin's Wolkenkratzer in Moskau: Wer sind die Sieben Schwestern?, 2019, Online im Internet: https://russlande.de/stalins-wolkenkratzer-moskau-sieben-schwestern/ [Stand: 10.07.2021].

Ernst Klett Verlag (Hg.) (2014): Infoblatt Moskau 1: 1000000. Leipzig. Online im Internet: https://www.klett.de/alias/1005663 [Stand: 09.07.2021].

Hartwich, I.: Die Rolle der Religion in Russland, 2011, Online im Internet: https://www.bpb.de/internationales/europa/russland/47992/religion [Stand: 10.07.2021].

Höhmann, H.-H.: Wirtschaftssystem und ökonomische Entwicklung, 2004, Online im Internet: https://www.bpb.de/izpb/9437/wirtschaftssystem-und-oekonomische-entwicklung [Stand: 11.07.2021].

Hosp, G.: Moskau ist ein Staat im Staat, 2010, Online im Internet: https://www.faz.net/aktuell/wirtschaft/wirtschaftspolitik/russland-moskau-ist-ein-staat-im-staat-11040513.html [Stand: 09.07.2021].

Höfer, P./ Röckenhaus, F. (Producer). (2018). *Russland von oben (1/5): St. Petersburg, Moskau und die Wolga* [Film]. Terra X.

Knieling, J. et al. (2007): Metropolregionen - Innovation, Wettbewerb, Handlungsfähigkeit. Hannover: ARL.

Kübler, D. (2003): Informationen zur Raumentwicklung, 2003 (Jg.), 8/9 (H.): 535-541.

Manajew, G.: Moskau: Die grünste Hauptstadt der Welt, 2021, Online im Internet: https://de.rbth.com/lifestyle/84863-moskau-gruenste-hauptstadt-der-welt [Stand: 09.07.2021].

Martus, E.: Analyse: Haushaltsmüllentsorgung in Russland: Proteste, Programme und Politik(en), 2020, Online im Internet: https://www.bpb.de/internationales/europa/russland/analysen/317718/analyse-haushaltsmuellentsorgung-in-russland [Stand: 16.07.2021].

Mommsen, M. (2006): Russland - nur virtuelle Großmacht in einer multipolaren Welt?. In M. Piazolo (Hg.), *Macht und Mächte in einer multipolaren Welt* (S. 79-106). Wiesbaden: VS Verlag.

Pörzgen, G.: Das Russlandbild in den deutschen Medien, 2018, Online im Internet: https://www.bpb.de/internationales/europa/russland/47998/russlandbild-deutscher-medien [Stand: 15.07.2021].

Samarin, Y.: Technopolis Moscow wins six Global Free Zones of the Year awards, 2020, Online im Internet: https://www.mos.ru/en/news/item/81273073/ [Stand: 12.07.2021].

Schewtschenko, N.: Die sieben prestigeträchtigsten und teuersten Bezirke in Moskau und Umgebung, 2020, Online im Internet: https://de.rbth.com/lifestyle/83664-teuerste-wohngebiete-moskau [Stand: 26.06.2020].

Schulze, G.: Moskau plant massiven Ausbau der Infrastruktur, 2020, Online im Internet: https://www.gtai.de/gtai-de/trade/branchen/branchenmeldung/russland/moskau-plant-massiven-ausbau-der-infrastruktur-585920 [Stand: 09.07.2021].

Schulze, G.: Wirtschaftsstruktur – Russische Föderation, 2019, Online im Internet: https://www.gtai.de/gtai-de/trade/wirtschaftsumfeld/wirtschaftsstruktur/russland/wirtschaftsstruktur-russische-foederation-23038 [Stand: 15.07.2021].

Smirnova, A./ Zadorian, A./ Zupan, D.(2021): Stolitschnaja Praktika: Das Moskauer Wohnraumsanierungsprogramm soll auf die Regionen ausgedehnt werden. In o.V., *Russland-Analysen*(S. 2-6), Online im Internet: https://www.laender-analysen.de/russland-analysen/399/RusslandAnalysen399.pdf [Stand: 15.07.2021].

Urmersbach, B.(a): Arbeitslosenquote in Russland bis 2026, 2021, Online im Internet: https://de.statista.com/statistik/daten/studie/17339/umfrage/arbeitslosenquote-in-russland/#professional [Stand: 11.07.2021].

Urmersbach, B.(b): Inflationsrate in Russland nach Monaten bis Mai 2021, 2021, Online im Internet: https://de.statista.com/statistik/daten/studie/203901/umfrage/monatliche-inflationsrate-in-russland/ [Stand: 11.07.2021].

Website Stadt Leipzig, Online im Internet: https://www.leipzig.de/buergerservice-und-verwaltung/internationales/internationale-kooperationen/russland/ [Stand: 09.07.2021].

o.V.: Best Citites 2021, 2021, Online im Internet: https://www.bestcities.org/reports/2021-worlds-best-cities/ [Stand 14.07.2021].

o.V.: Moskaus Exporte nach Japan betrugen 2020 fast die Hälfte der gesamten russischen Exporte, 2021, Online im Internet: https://madeinrussia.ru/de/news/2865 [Stand: 09.07.2021].

o.V.: Moskau – Machtzentrum Russlands, Online im Internet: https://diercke.westermann.de/content/moskau-machtzentrum-russlands-978-3-14-100870-8-148-2-1 [Stand: 11.07.2021].

o.V.: UK cities resilient to Brexit uncertainty due to strength of service sector, 2019, Online im Internet: https://www.lasalle.com/company/news/economic-growth-prospects-of-london-remain-best-in-europe [Stand: 12.07.2021].

Wittmann, H.-J.: Russlands Einzelhandel wächst 2019 nur moderat. Marktkonsolidierung setzt sich fort, 2019, Online im Internet: https://www.gtai.de/gtai-de/trade/branchen/branchenbericht/russland/russlands-einzelhandel-waechst-2019-nur-moderat-22238 [Stand: 11.07.2021].

World Bank Group (Hg.) (2020): Doing Business 2020, Online im Internet: https://openknowledge.worldbank.org/bitstream/handle/10986/32436/9781464814402.pdf [Stand: 12.07.2021].